11

彩 图
新 知

LES ARBRES
AMOUREUX

树之爱

植物如何在静止中繁衍

[法] 弗朗西斯·哈勒　斯蒂芬·海特
弗雷德里克·安杜　著

米宁　译

生活·讀書·新知　三联书店

Originally published in France as:
Les arbres amoureux by Francie Hallé, Stéphane Hette and Frédéric Hendoux
© 2017, Les Editions de La Salamandre
Current Chinese translation rights arranged through with Hannele & Associates and Divas
International, Paris 巴黎迪法国际版权代理 (www.divas-books.com)

图书在版编目（CIP）数据

树之爱：植物如何在静止中繁衍／（法）弗朗西斯·哈勒，（法）斯蒂芬·海特，
（法）弗雷德里克·安杜著；米宁译. —北京：生活·读书·新知三联书店，2023.2
（彩图新知）
ISBN 978−7−108−07475−1

Ⅰ.①树…　Ⅱ.①弗…②斯…③弗…④米…　Ⅲ.①植物−普及读物
Ⅳ.① Q94-49

中国版本图书馆 CIP 数据核字（2022）第 142534 号

特邀编辑	张艳华
责任编辑	曹明明
装帧设计	康　健
责任校对	曹忠苓
责任印制	张雅丽
出版发行	生活·讀書·新知 三联书店
	（北京市东城区美术馆东街 22 号 100010）
网　　址	www.sdxjpc.com
图　　字	01-2022-6749
经　　销	新华书店
印　　刷	天津图文方嘉印刷有限公司
版　　次	2023 年 2 月北京第 1 版
	2023 年 2 月北京第 1 次印刷
开　　本	720 毫米 × 1000 毫米　1/16　印张 9
字　　数	128 千字　图 142 幅
印　　数	0,001−6,000 册
定　　价	79.00 元

（印装查询：01064002715；邮购查询：01084010542）

出版缘起

近几十年来，各领域的新发现、新探索和新成果层出不穷，并以前所未有的深度和广度影响着人类的社会生活。介绍新知识，启发新思考，一直是三联书店的传统，也是三联店名的题中应有之义。

自 1986 年恢复独立建制起，我们便以"新知文库"的名义，出版过一批译介西方现代人文社科知识的图书，十余年间出版近百种，在当时的文化热潮中产生了较大影响。2006 年起，我们接续这一传统，推出了新版"新知文库"，译介内容更进一步涵盖了医学、生物、天文、物理、军事、艺术等众多领域，崭新的面貌受到了广大读者的欢迎，十余年间又已出版近百种。

这版"新知文库"既非传统的社科理论集萃，也不同于后起的科学类丛书，它更注重新知识、冷知识与跨学科的融合，更注重趣味性、可读性与视野的前瞻性。当然，我们也希望读者能通过知识的演进领悟其理性精神，通过问题的索解学习其治学门径。

今天我们筹划推出其子丛书"彩图新知"，内容拟秉承过去一贯的选材标准，但以图文并茂的形式奉献给读者。在理性探索之外，更突显美育功能，希望读者能在视觉盛宴中获取新知，开阔视野，启迪思维，激发好奇心和想象力。

"彩图新知"丛书将陆续刊行，诚望专家与读者继续支持。

生活·讀書·新知 三联书店

2017 年 9 月

目　录

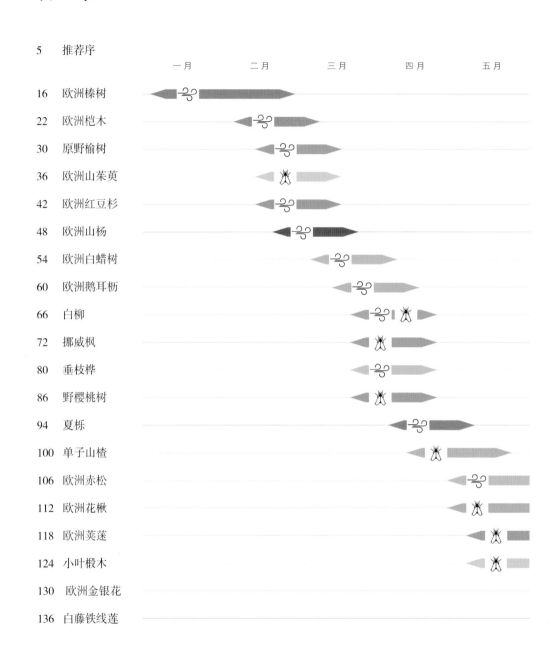

六月　　　七月　　　八月　　　九月　　　十月　　　十一月　　　十二月

风媒传粉　　　　　　虫媒传粉

欧洲荚蒾的花序。中间是可以孕育果实的小花，四周则是华美却不会结果的大花

树之性事

在超过十五年的时间里，我一直在研究非洲热带雨林里的植物。那里大部分的树都开满了色彩鲜艳的大花朵，散发着令人垂涎的香气。

那时，我觉得这很正常，因为整片森林都是这样的树，而我研究的这个热带植物群体大部分也都是由这样的树构成的。回到欧洲后，我开始经常出入不同的森林，观察各种不同的树。我惊奇地发现大部分树，无论是针叶的还是阔叶的，都只开着绿色的小花，也没有什么香味。我用了好多年才弄明白不同纬度下树木的性特征表现出的巨大差异到底意味着什么。我把思考后得出的结论写进了这本书里。

无论是树还是灌木，藤本还是草本，多年生还是一年生，一株植物总是包含着截然不同的两个部分。这两部分无论是在外表上还是在存在的理由上都表现出很大的差异，它们就是营养器官和生殖器官。

关于这两种器官，让我们先一起回顾一些明显的事实，来试着对它们进行比较。

两种器官，对应着与动物间的两种不同关系

营养器官在植物构造中所占的比例远超过其他。营养器官同时生活在两种不同的环境中，枝叶在空中招展，根系在土下交错分生，这赋予了植物最

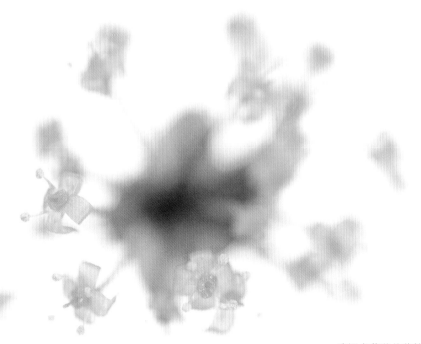

欧洲山茱萸的花簇。花朵聚在一起使它们更容易被传粉者发现

主要的特点之一：固定不动。

营养器官的功能和作用多种多样：

● 依靠聚集在茎顶端和根尖的干细胞分裂实现的生长功能；

● 以吸取必要物质为起点的光合作用：根吸收水分和矿物质，叶获取太阳能和二氧化碳；

● 帮助植物在双重生存环境安家落户的固定作用；

● 对于所有生命体来说易被忽略却又永恒而重要的抵抗重力作用；

● 通过导管和筛管两种不同液流，在植物的地上和地下结构中对水分和化学能进行分配的功能；

● 在与寄生物、病原体及食草动物的抗争求生中诞生的生化防御功能；

● 为应对无常的天气变化和生化防御无法抵抗的捕食者所造成的伤害而诞生的茎、根、叶的再生功能。

如果说营养器官与动物之间的关系是充满冲突的，那它与周围植物间的关系则可能是竞争的或互助的。营养器官的生命周期与植物本身的寿命相当，

椴木蛾驻足的植物，正是它
的幼虫爱吃的那种

对于树木来讲，它的生命周期能达到上千年之久。

至于生殖器官，它们是由植物的茎和叶变化而来，仅存活于地上环境，而植物的根部则完全没有参与其中。变化成为生殖器官，表现为茎顶端分生组织的消失：这说明生殖功能与生长功能是对立的。

叶子成为生殖器官的一部分之后，就会部分甚至全部失去发挥光合作用的能力，取而代之的是会获得制造配子的能力。由于生殖器官无法制造足够的化学能来满足自身消耗，它们只能寄生在营养器官上。

生殖器官生命周期很短，它与植物本体连接部分的寿命，短的仅有数小时，长的也很少超过数月。

生殖器官无法与周围植物发生直接联系。相反，它与动物们进行着积极的合作。一些植物靠动物传播花粉，而一些有种子的植物则利用动物向周边传播种子。作为交换，植物为这些来访者提供美味可口而富含能量的花蜜和果肉当作报酬。吸引动物成为开花植物性特征的主要功能，同时也成了这一主宰现今各纬度自然界的植物群体进化的原动力。

动物与树木之间的关系

为什么开花植物要吸引动物并予以回报来换取它们的帮助？这是因为植物需要将它们的花粉颗粒和其中包含的雄性配子传播到可能相距较远的另一株同类植物上，但扎根于土壤的植物一般没有能力独自完成这一性行为。此外，植物通常也不具备独自传播种子即取代死亡个体并增加自身种族所占地理面积的能力。作为能够自由移动的动物，我们几乎无法想象，在伴侣不能移动却又相距甚远的情况下，到底该如何进行性行为。

而一株开花植物会吸引适合它的动物——蜜蜂或蝴蝶、小鸟或蝙蝠、猴子或大象——来实现花朵传粉、雌配子受精、种子传播，完整、高效、成功地完成其性行为。

如果认真地去观察在以花朵和果实为代表的植物性行为中动物所发挥的作用，在排除动物中心论的偏见后，人们就会明白其实是植物在控制着动物，因为动物的脑袋里只有两种想法——进食和交配。只要掌握这两种习性，通过肚子或者下腹，就可以很容易地支配动物。

植物只需要使用恰当的生化防御措施，或让绿色的花苞混藏在叶子中，

灰毛柳开花初期的雄花花团。风媒传粉植物的雄蕊总是格外发达

欧洲白蜡树叶子上刚刚孵化
的尺蠖幼虫

就足以让动物在不受欢迎的时候与自己保持距离。而当需要的时候，植物又会用它的色彩亮丽、暗示性十足的对称花冠，配上美味的香气，引诱动物前来享受一顿花蜜大餐。于是，动物就在一无所知的情况下，为植物的花朵完成了授粉服务。更棒的是，这些动物会记住自己从这株植物得到的好处，当它们遇到另一株同类植物时，就会再次为它服务。这种帮助植株间实现交叉受精的服务，对于植物种族的遗传进步十分有利。

为了给果实和种子留出足够的时间生长成熟，植物接下来需要再次让动物们保持距离，于是它会去掉自己身上的诱饵：花冠会枯萎凋落，花蜜和香气不复存在，只留下青涩的果实。这些果实把种子密封在里面，常常外表覆有尖刺，或是果肉包含有毒的化学物质。而种子就在果实里慢慢地孕育成熟。

动物们扮演的角色并没有就此结束，因为植物还需要它们在种子成熟后帮助传播。成熟以后，植物的果实会展现出诱人胃口的颜色，或者自己裂开露出披萨或苹果馅饼一般的色泽，同时令人垂涎的芳香传遍整个树林，就像烤鸡的香味弥漫在商业街上一样。

饥饿的动物匆匆赶来，它们以为自己是胜利的捕食者，却不知道自己正心甘情愿地做着植物想让它们做的事情——传播种子，满足着植物最典型的愿望——扩大领地。它们对此一无所知。并非松鸦和松鼠更乐于传播种子，也不是蜜蜂或天蛾更喜欢给花朵传粉，它们只是满足于找到了美味的食物。

动物真的被植物控制了吗？

对于动物，我并不想太过失礼，毕竟我自己也属于这一类别。但整件事情仿佛让我看到一位贵妇人躺靠在她宽大的扶手椅里，年老体衰，行动不便。她摇铃叫来她的仆役，为她准备好热茶和杏仁甜饼。然后又打发仆役离开，自己安静地慢慢品尝。片刻之后，她又叫来仆役收拾杯碟，打扫碎屑，接着又派他去城里买东西。植物已经把动物变成了自己的合伙人，而动物却没有察觉到，哪怕是一丝一毫。动物自以为征服了植物，而实际上却成了植物的帮工，或许更像仆役，甚至有时候成了植物的面首。对于兰科植物，比如我们欧洲的蜂兰，它的花朵对雄性传粉蜜蜂的诱惑已不再是食欲，而是性欲。

既然动物受到植物的诱惑，利用植物满足自己的基本需求，同时一无所知地为植物提供生存必需的帮助，那又怎能拒绝承认这就是一种控制呢？

然而一种能自由移动并拥有大脑的有机体，却被不能移动又没有智力的另一种有机体如此操纵控制，如何能不让人感到惊叹？

生殖器官，可没有营养器官那么"植物"

利用这个难得的机会，让我们来弄清楚植物的两个部分，即营养器官和生殖器官的内在本质。在我看来，在不违背植物体本身固有限制的情况下，前者可以自由生长。大胆一点来说的话，营养器官是百分之百植物性的。

但生殖器官却不是这样的。它们的功能是吸引、招募动物的传粉者和播种者，并让它们为植物忠实服务。因此，生殖器官的大小与要吸引的动物大小有关，花朵的左右对称也是如此，鼠尾草、豆角或兰花都是很好的例子。生殖器官还会给出动物喜爱的东西，比如特殊的颜色和香气，以及拥有食用价值的花蜜和果肉。有的生殖器官还有易于靠近的特点，就像面包树的花和果，特意长得远离叶簇，方便能飞的重型动物更容易接触到果实。此外，有些动植物之间还会表现出短期的一致性，比如某些花只在相应动物活动的季节才开放。

忍冬果实（硬骨忍冬）

色泽鲜艳的多肉果实，吸引着食果鸟类。而果实中的种子在通过了鸟的消化道后，被散播到其他地方

野樱桃花。发亮的花瓣平铺在花冠上，雄蕊在花朵的中
央，雌蕊则在雄蕊的中间。植物生殖器官的结构布局并
不是偶然的，一切都是为了提高受精的概率

　　所以花和果实并不是仅依照植物的本性来生长的，而是植物与动物协商的
结果。生殖器官并不是百分之百植物性的，而是植物与动物长期共同演化的产物。

　　仔细研究一下一株植物的生殖器官，就可以准确地找出这株植物是
借助哪种动物来实现繁殖的。在看到马达加斯加大彗星风兰（Angraecum
sesquipedale）30 厘米长的花距之后，阿尔弗雷德·拉塞尔·华莱士断言一
定存在一种飞蛾，它的口器可以让它喝到花距深处的花蜜。而在近四十年后，
这种昆虫就被发现了。

动物传粉的效率与纬度息息相关

　　有大量动物存在的地方，动物帮助植物繁殖的效果就极好。我尤其会想
到赤道地区的森林，那里是地球上动物种类最多的地方。那里有种类繁多的
动物，包括蜗牛与鼻涕虫、蝴蝶与飞蛾、蝙蝠、松鼠、鸟类、猴子与狐猴以
及林栖有袋类动物、爬行动物、啮齿动物等，不一而足，它们都可以帮助植
物花朵受粉和传播种子。不要忘了，人类也参与了植物的传粉，比如北非的
椰枣树、地中海盆地的无花果树及留尼汪岛的香草。

　　大部分的植物和动物家族都诞生于低纬度地区。在气候湿热、几乎无风

的赤道地区，人们发现了完整的动物配合植物繁殖的表现。即使是在中纬度地区通过风来传粉的禾本植物，在赤道地区也会依靠灌木丛里的昆虫来帮忙传粉。蒲公英、洋蓟及其他菊科植物在高纬度地区通常会长出干果并靠风来传播，但它们在热带地区有时则会长出肉果来挑动动物的贪欲。同样地，南美洲热带地区一种叫 Tilesia baccata 的雏菊也生有像桑葚一样的肉果，吸引鸟类将种子传播到各地。

赤道地区是一切动物和植物的摇篮。而很多的植物家族，如豆类、龙胆、猪殃殃等，都成功地把其生长区域从赤道地区扩展到了气候不那么温和的更高纬度的地区。在这段长途跋涉的旅途中，它们必须要战胜冬季的干燥和严寒。伴随着纬度的提高，生物性限制逐渐被物理性限制所取代。在高纬度地区寒冷的冬天里，动物踪影难寻，是风承担起花朵传粉和传播种子的任务。为此，植物的生殖器官也开始发生改变，毕竟风看不到花朵的对称或花瓣的色彩，也尝不到花蜜的芬芳，更不会期望植物未来会给予回报。我们都知道，风想吹到哪里就吹到哪里，它对一切都无动于衷。

树木的性特征只好随风适应

植物选择风媒传粉之后，便会逐渐削减用于制造花朵色素和花蜜的能量，因为这些消耗的目标已不复存在。如果一株植物停止了这些消耗，那它就会比其他保留了这些无用功能的植物占据更多的优势。

当风取代了动物，这种传粉媒介的改变使植物节约了一部分能量，但同时也引发了新的消耗。习惯了植物伙伴提供花蜜的动物，能精确地将花粉从一朵花传递到同种植物的另一朵花上。这就使花粉的生产可以控制在一个较小的量上。由于传粉者所能携带的仅限于大花粉颗粒，因此花粉都生有各种形状的刺或突起，并通过黏性分泌物粘在一起。

风也是一种可靠的媒介，但与动物不同的是，它不是一个精准的媒介。被风带走的花粉颗粒只能随机落在不同的地点，因此植物必须制造大量的花

欧洲白榆的花。一旦受精完成，雄蕊就会干枯消失，给正在成长的果实让出空间

粉来弥补这种随机性造成的损耗。松树和柏树就是如此，它们会释放出大量的花粉。当风吹来的时候，你甚至能看到一片黄云从树顶飘散而出。由风来传播的花粉其特点很像灰尘：这些花粉颗粒不仅数量巨大，体积也非常小，表面光滑干燥，有的还带着小气球来承受更多风力，同时这些花粉颗粒没有任何分泌物，避免了它们在大气中扩散的阻碍。

为了让风能取得最佳的传粉效率，花的形状也发生了改变。左右对称的结构逐渐消失，用来装饰美丽花瓣吸引动物的色素，也常被叶绿素所取代：这就是欧洲树木的花几乎全是绿色的原因。有些树的花瓣已经消失了，比如欧洲白蜡树。雄蕊则变得更长并在风中摇摆，让花粉更容易飞走：美国枫树就是个很好的例子。同时，花柱和柱头这些接受花粉的器官变得巨大而复杂，以增加捕获花粉的机会。

花朵的体积变得更小，使大量的绿色小花可以组成花团在风中摆动，更有利于花粉的散播。

色泽鲜艳、气味芬芳的果肉失去了存在的意义：果实和种子变得干燥而轻盈，颜色也不再鲜艳。它们经常会配有可以增加风阻的构造，比如白蜡树和槭树果实上的翅膀，及松树种子上的翅膀；又比如铁线莲、蒲公英、缬草果实上的茸毛，及欧洲夹竹桃种子上的羽毛。

欧洲白榆的果实。扁平有翼
的形状，令果实更容易被风
带走

规则与反例

需要指出的是，植物拥有着极其丰富的种类，相对于我们这里列出的进化方案，植物中依然存在着不少反例。在我们所在的欧洲地区，我们仍然可以找到主要依靠动物进行花朵传粉和种子传播的植物。

蔷薇科植物及樱桃树、花楸树和梨树就是很好的例子。

而在热带雨林的树冠上，信风一直不停，许多树也是依靠信风来传播果实，比如榄仁树、Petersianthus（一种玉蕊科植物）、蝉翼藤、龙脑香。但风媒传播在林下灌木丛中是完全行不通的，因为那里几乎永远都是平静无风的。

此外，无论在任何纬度地区，我们都能找到一些既不靠动物，也不靠风，自己就能搞定种子传播的植物；它们干燥的果实在成熟后会自己爆开，里面紧绷的纤维突然失去限制，在噼啪声中将种子弹射到远处。西班牙鹰爪豆的豆荚在炎热干燥的天气里就会爆炸，将种子投射到3米远的地方。在热带地区，橡胶树和响盒子树可以将种子播撒到以树干为中心、半径50米的范围内。

然而，随着离赤道越来越远，生物多样性也越来越低，我们就更不能因为这些特例而忽视普遍规则。在低纬度地区，动物在树木性行为中发挥着更主要的作用，而在高纬度地区，则是风的作用更大。在北美、欧洲及远东、塔斯马尼亚岛、巴塔哥尼亚地区，这一趋势表现得非常突出，用我的话来说，就是这种趋势不容置疑。下次在附近树林徒步的时候，我们就能更好地理解，为什么欧洲地区的树上都只开着绿色的小花。

法国，蒙彼利埃，2016 年 12 月 5 日

Corylus avellana

欧洲榛树

群花舞会现在开始……

2月刚刚开始，欧洲榛树就开启了这场盛大的花季舞会。这时，冬天还挣扎着不愿离去，但留给它的日子已经屈指可数。没有人不认识榛树，它们根须浓密、枝条纤细。榛树开花常被当作春回大地的征兆，即使偶尔显得有些过早，但仍令人倍感亲切。不过，大家可能认识榛树的雄花花序，却未必了解榛树的雌花。除了雌蕊头上戴着的火焰般柱头，榛树的雌花毫不显眼。如果你把脸凑到树枝跟前，仔细观察上面的花芽，马上就会发现在花芽的顶端有些短小而结实的丝，它们鲜红的颜色令虞美人都羡慕不已。

榛树是一种雌雄同株的植物：在同一棵榛树上同时生长着雌花和雄花。榛树上孕育着两个极端，雄花生长得繁盛而张扬，雌花却谦逊而隐蔽。只有在花开最盛的时候，柱头才会从花芽中露出头来。这些柱头将收集珍贵的花粉颗粒来完成受精。每个雄性花序估测能放出500万个花粉颗粒，而整棵树的花粉释放量之大可想而知。然而只有少数几个花粉颗粒能被稀少而腼腆的雌蕊柱头捕获。不难想象，有多少雄性配子会在这个过程中被浪费掉。

更为重要的是，欧洲榛树在传粉上表现出一种不匹配性，即一棵榛树的花粉颗粒并不能让同一棵树的雌花受精。而为了完全避免产生自交后代，同

欧洲榛树雄性花序特写。在成熟并准备散播花
粉之前，雄蕊都被鳞片保护着

欧洲榛树的雌花。只有鲜红色的
柱头从花芽中露出来

一棵榛树上的雄花全都要比雌花更早成熟。现在，你们该知道如何才能收获更多的榛子了：多种几棵榛树挨在一起。

榛树不怕低温也不惧昆虫。只要有风，它珍贵的配子就能传播。这是多么有效率！榛树产生了如此多的花粉，以至于哪怕时隔数千年，我们仍可以发现这些花粉的踪迹。榛树是来自久远时代的遗产，标记出我们最早的泥炭地，那时冰期的寒冷草原才刚刚从我们的地盘消退。与其他侵略性更低、大概也更怕冷的树相比，榛树更早地把花粉沉积在泥炭中，随着气候变暖逐渐成为化石。依据化石中榛树等不同植物的花粉，研究史前的孢粉学家才成功还原出第四纪的植被史。

这段地质时期从二百六十万年前开始持续至今，冰期与暖期的更替成为其最重要的特点。这些研究使我们明白如今的地质景观、动植物是如何发展形成的，帮助我们了解气候是如何一次又一次地变化，而这些变化对环境又造成了什么样的影响。在第四纪的沉积物中发现大量的榛树花粉，准确地揭示出气候变暖的事实。这么说来，榛树不仅能宣告春天的到来，还意味着冰川期的结束……显而易见，这种能耐让它们完全不用去羡慕气象工作者。

花期后榛树树枝上长出了树叶。
顶芽隆起表明里面有昆虫寄生

下图：冬末时的榛树树枝，上面
悬挂的雄花花序随风摆动

欧洲榛树的雌花花序。花芽中只有柱
头探出了头，稀少而珍贵的胚珠则被
保护在里面，它们是长成榛子和繁衍
后代的希望

Alnus glutinosa

欧洲桤木

当一棵树开始爱上细菌

　　修长的树干，锥形的树冠，欧洲桤木的枝叶在河水上方伸展，火焰般的花序妆点其中。作为欧洲地区第二位走进群花舞会的树，桤木似乎非常坚决地延续了前一位榛树的艺术风格。至少它的雄花在样子和早于雌花成熟这两点上确实如此。白霜还未消退，这高傲的河川卫士就已在寒冷的骤雨中亮出了紫红色的雄花花序，而低调的雌花深紫色的柱头则在孕育之风中羞涩地探出了头。

　　桤木是水域的领主，却把自己的花粉托付给风，因为只有风才是冬月里不知疲倦的快递员和忠诚可靠的陪伴者……然而与榛树相像的地方就只有这么多了。雌花们组成一个个圆形的小花球，上面长着鳞片保护娇弱的胚珠。只有深紫色的柱头略显鲁莽，从花球中露出头来，等待着风神埃俄罗斯的献礼。受精之后，花梗上这些小花球便会膨胀起来。这种现象发生在阔叶树上真的非常出人意料。生成的球果，也就是桤木的果实，长得与松果非常相似，令人难以分辨。球果成熟后，硬化的黑褐色鳞片重重叠叠，庇护着里面宝贵的小种子。而种子们都长着翅膀，随时准备飞往新的领地。

　　事实上，球果在植物界是一种很普遍的结构，在石松属、针叶蕨类、木

欧洲桤木释放花粉时，雄花花序
上雄蕊的特写

贼属等孢子植物中尤为常见，而在裸子植物中，最著名的便是针叶松树的松果了。在蛇麻草（Humulus lupulus）和桤木的近亲桦树上也可以找到球果。欧洲地区还有另外三种桤木：绿桤木（Alnus viridis），喜欢山间的湍流；灰桤木（Alnus incana），常见于法国东部山谷中的潮湿森林；以及意大利桤木（Alnus cordata），科西嘉岛的特有树种，与灰桤木一样，常被种在公园里。

欧洲桤木是水边的特产。某种程度上讲，它是欧洲地区唯一一种浸泡在水里也能继续生根的树。可能这也是日耳曼人把它当作恐怖与索命王者的一个原因。魔王，那游荡在雾气笼罩的泥沼中收割孩童性命的桤木王者，为歌德和舒伯特带去了灵感。然而事实上，桤木并不会真的吓坏它的邻居们，它们反而更乐于交流与互助。

为了抵抗脚下壅塞、窒息、贫瘠的土壤，桤木与细菌联起了手。桤木的根部生有大量根瘤，细菌们便被安置在这些专门的房间里。但这些神秘的细菌又有什么特性呢？它们被称为"法兰克氏菌"，能够固定空气中的氮元素，并使之转化为能被植物吸收的物质。氮是植物生长所需的基本元素，空气中存在大量气态的氮，但这种气态的氮对于植物来说完全派不上用场。法兰克氏菌则拥有一种天赋，可以将氮气转化为氨的化合物，供植物吸收。桤木利用细菌固氮由来已久，而直到 20 世纪初期，人类才在某种意义上复制了这一大自然的发明，并将它用于工业生产中，称之为"哈伯·博施法"。使用哈伯法生产的氮肥已成为工业化农业生产的一个重要支柱，而某些爆炸物的制造也用到了哈伯法。而法兰克氏菌固氮的过程不会造成额外损害，在这一点上比工业制造要强。与化肥不同，它不会对土壤和地下水造成普遍污染。那我们能否像欧洲桤木与细菌合作那样，在不牵累别人的前提下使用一种资源？这个例子值得我们认真思索。

欧洲桤木的花序垂在树枝下。这样有利于花粉在风中散播

左图：花期结束时雄花花序的样子。在完成使命后，雄蕊开始逐渐枯萎

桤木树枝的尖端。在第一幅图片里，雄花花序清
晰可见，后面挺立着不起眼的雌花花团。在图片
背景里还能看见上一年花期后留下的球果

右图：欧洲桤木的雌花花团。我们能够观察到红
色的柱头从鳞叶中伸出来，期望能够捕捉到风中
的花粉颗粒

花期开始时雌花花团的特写。每朵雌花都被一片
坚硬的鳞片保护着，只有柱头露在外面。欧洲桤
木的花没有花瓣

右图：欧洲桤木的"松果"。虽然这种树与针叶
树没有任何亲缘关系，但它的球果跟针叶树的果
实在形态上真的是太相似了。它们的球果都是由
鳞片构成，保护着里面的种子

Ulmus minor

原野榆树

真菌是如何阻碍繁殖的

3月初，红似朱砂的小花球悄然出现在枝头，羞涩地宣告着原野榆树花期的开始。与其说是开花，倒不如说是只具备最基础的功能。原野榆树的花没有花冠，花萼也极不显眼，隐约有点像羽毛的两根细小花柱立于雄蕊中间，这就是全部了。原野榆树的花几乎不存在花柄，花朵紧紧地挨在一起，形成小小的团伞花序。

与桤木和榛树的花序相比，原野榆树的花团是那样地谦逊低调，我们不得不多看几眼，才能发现它们开花了。但原野榆树的花朵并不缺乏色彩。柱头和花丝呈朱砂般的鲜红色，而花药却是接近黑色的暗红色。这样的色彩搭配令人不禁怀疑，原野榆树到底是不是风媒传粉植物？但事实上，它的传粉媒介确实是风。此时天气仍旧变幻无常，什么昆虫会在这个时候发疯跑出来呢？

想要观察原野榆树的花朵，在树篱里那些瘦弱的枝丫上找是没用的。必须得去找那些长起来了的个体。因为与许多树种一样，原野榆树只有长到一定的个头以上，才会开花。但对于原野榆树这种不幸的植物来说，长得够高，真是说起来容易做起来难。

原野榆树花朵的特写。羽毛般的玫红色柱头尽情伸展，而雄蕊却已在枯萎凋谢。雄性与雌性生殖器官的成熟期是错开的，以增加交叉受粉的概率

　　当树皮长到足够厚时，原野榆树就可能患上"石墨病"。引发这种病的元凶是一种名为 *Ophiostoma ulmi* 的真菌。而这种真菌则是棘胫小蠹传来的。这是一种鞘翅目昆虫，会在榆树的树皮下挖出漂亮的网状通道。原野榆树可没法欣赏这些带着阿拉伯情调的网格，对它们来说这反而更像是上帝发出的死刑令。作为桦树的忠实伴侣，原野榆树曾一度是河溪边树林中的主要树种之一，如今却已踪影难寻，至少不再是树的形态。现在只能见到低矮的榆树丛，偶尔才能见到一棵老一点、能够繁殖的榆树。

　　幸运的是，原野榆树还可以通过根部发枝来分生。原野榆树的树根上生有许多次生芽，这些芽可以长成新的树苗。就是靠着这种繁殖模式，原野榆树才在森林和原野里坚持了下来。但像过去一样能够做房梁和大型家具的高大榆树，却几乎再也长不出来了。

　　原野榆树还有一些亲族，如大量存在于洪溢林中的欧洲白榆（*Ulmus laevis*）和喜爱地势起伏有坡度的光榆（*Ulmus glabra*），它们对于"石墨病"都不那么敏感，但也比原野榆树更为少见。随着泄洪做得越来越好，山谷地区更多地被用作耕地，适宜欧洲白榆生长的环境日益减少。而光榆只是山区森林中的稀有树种。

原野榆树花蔟上雄蕊的特写

左图：原野榆树的花。这些花分属于
两个团伞花序中的一个。紫黑色的雄
蕊位于柱头上方

33

原野榆树开花时并不引人注意。它的主要枝杈都生有软木质的树皮，这是原野榆树的一个特点

中图：原野榆树翅果的特写。每个果实都只含有一颗种子，外面裹着一个大翅膀来确保种子被风带走

右图：原野榆树树枝顶端的叶芽。与大多数风媒传粉的树一样，树叶在花期之后才会生长。这样，树叶才不会影响花粉在树枝间传播

Cornus mas

欧洲山茱萸

真正的硬汉如何掩饰其雌性特征

欧洲山茱萸是一种有些心急的小型灌木。春天尚未宣告到来，它就已经开始用柠檬黄的花球点亮灌木丛和树篱。欧洲山茱萸可以很好地代替树篱里的连翘，因为它开花如此早，又如此引人注目。到了夏天，它还能结出美味的血红色果实，可谓是锦上添花。唯一的缺点，是欧洲山茱萸需要干燥的石灰质土壤才能生长。

欧洲山茱萸的花聚在一起，在枝头组成花球。每朵花的花冠都有四片尖形的花瓣，呈十字形排布。雌蕊则端庄地立于花冠中央，四根略带白色的雄蕊围绕在侧。毫无疑问，这是一种依靠昆虫繁殖的灌木。人们称之为虫媒繁殖植物，但是它为什么要这么早开花？

欧洲山茱萸是一种十分精明的灌木。它早早开花是为了给那些醒得早的采蜜昆虫提供新鲜的花粉和花蜜。2月底或3月初的明媚春日里，气温慢慢上升，昆虫也从冬日深沉的昏睡中逐渐醒来。虫子一醒来就能方便地吃到大餐，自然不会觉得失望。欧洲山茱萸虽然鲁莽早华，但也为自己赢来了几乎没有竞争的传粉环境。每年这个时节里，欧洲山茱萸是唯一一种向昆虫开放餐桌的木本植物。在虫媒繁殖的树和灌木当中，欧洲山茱萸每年都是第一个

欧洲山茱萸的花朵特写。花朵中央是柱头和承载花蜜的盘状结构，雄蕊则朝四周分得很开，以提高交叉受粉的概率

欧洲山茱萸正在盛开的两个花序。对于大多数昆虫来说，黄色是最显眼的颜色

右图：开着花的欧洲山茱萸树枝。在这早春时节，树叶还没有长出来

开花，而这个时候，风媒繁殖的植物也还开着大片的花团，等着风来传粉。

欧洲山茱萸有个表亲，枝叶在秋天会变得像血一样殷红，因此得名欧洲红端木。可是红端木的果实是黑中透蓝，夏季开的花则几乎是纯白色的。有着鲜红色果实的欧洲山茱萸，或许才配得上那鲜红的名字（欧洲红端木法语名为 le cornouiller sanguin，其中 sanguin 有"带血的、血色的"含义）。欧洲山茱萸在法语中被称为"雄性山茱萸"（le cornouiller mâle），这对它来说更是冒犯。因为根据法语规则，所有的树，尤其是果树，如果其名字当中包含两个字母"l"，那么它就应该以"ier"结尾。茶藨子（le groseillier）就是这种情况，顺便一提，对于一棵"树"来说，茶藨子的个头可是有点小……在行家看来，欧洲山茱萸结出的浆果是乡间最美味的果子之一，可它却没资格在两个"l"后面使用"i"，这是多么不公平的事！而且欧洲山茱萸的花是雌雄同体的，那为什么要在它的名字里加上个"雄性"（mâle）？要知道，欧洲山茱萸的雌性特征可一点也不比欧洲红端木少。相信植物学家在给这两种植物取名的时候肯定是灵感耗尽了。

说完了种名，让我们来看看属名，在拉丁文里是 Cornus。Cornus 一词的词源更为久远，可以追溯到古希腊时期，那时候人们常把它的名字与战争，特别是武器联系在一起。它的木质非常坚韧〔像 corne（角）一样硬，拉丁文 cornus 一词就是这样来的〕，常被用于制作长矛。所以，我们对这种树还是得有点敬畏，否则可能会麻烦不断哦。

欧洲山茱萸花的特写

雄性生殖器官（雄蕊）和雌性生殖器官
（雌蕊）向传粉者招展着，期待着昆虫
来帮忙受精

Taxus baccata

欧洲红豆杉

水之物语

　　欧洲红豆杉总是穿着深色的长裙。难道就是因为穿得像叶绿色的葬礼服，欧洲红豆杉才经常被种在墓地吗？应该不是。其实更多是因为欧洲红豆杉有着常绿的树叶和漫长的寿命，所以成了不朽的象征。

　　此外，只要在夏天里看看它，就会发现它丝毫都不会令人伤感。因为你会看到欧洲红豆杉的树枝上挂着几千个鲜红色的小灯笼，仿佛是在邀请枝叶来举行庆典。至少雌性的欧洲红豆杉是这样的，因为这种树喜欢泾渭分明：在欧洲红豆杉中，要么是雄树，要么是雌树。简而言之，它们是雌雄异株的。

　　回过头来，我们来瞧瞧这些小灯笼。作为针叶树家族中的一员，这样的果实可真够奇怪的。根本不用找松果那样的球果，它们压根儿就不存在。欧洲红豆杉没有像它的亲戚们那样，用坚韧的木质鳞片去保护自己的种子。此外，种子也都分散在细小的花柄顶端，没有聚在一起形成锥形的球果。鲜红多汁的果肉变成了保存种子的盒子，被叫作假种皮。而这假种皮足以吸引第一批鸟类前来。但是请注意！欧洲红豆杉并不心甘情愿地交出自己的种子，这些种子是有毒的，就像其他所有植物一样。它只向鸟类提供包在种子外面的果肉。鸟儿们也知道得很清楚，要避免咬到种子仁儿的。

欧洲红豆杉雌花花团正悄然开放。只有鳞片中
露出的那一小滴黏液在隐晦地告诉我们，胚珠
已经成熟，正等待花粉颗粒受精

这些像发髻一样的东西是蘑菇吗？不是的，它们只是欧洲红豆杉雄花中的雄蕊聚在一起

右图：开着雄花的欧洲红豆杉树枝。雄花的数量远比雌花要多，它们的任务是生产数量庞大的花粉颗粒，以求其中的几颗花粉能成功抵达目的地

　　假种皮想要发育，还得先完成受精。那欧洲红豆杉是怎么做的呢？好吧，跟其他的针叶树差不多：借助风的帮助。如同所有的风媒传粉植物一样，欧洲红豆杉的雄花会组成球状的小花团，这些球形花序会让人想起位于树枝底侧的微型松果。

　　每朵雄花都只有最简单的结构，没有花萼，也没有花冠。它只是由一片鳞叶构成，上面长着雄蕊。雌花则更不显眼，只留下胚珠藏在围着它的鳞片深处。实际上，欧洲红豆杉属于裸子植物，也就是说它的胚珠是裸露的，不像被子植物那样有心皮保护。简而言之，小小的雌花独自开在树枝下面，没有任何突出的部分。乍一看来，这样捕获花粉颗粒可不容易。事实也确实如此。但欧洲红豆杉是一种独特的树，它有一种属于自己的方法，让花粉颗粒与胚珠相遇。

　　当雌花准备好后，胚珠会分泌一小滴甜甜的液体，在鳞片的顶端形成一个小液珠。这样，路过的花粉颗粒就会被粘在上面。慢慢地，这滴液珠又会被胚珠吸收回去，并把花粉带到了胚珠旁边开始发育。这种借助液体把雄性细胞输送给雌性细胞的受精方式，会让人联想起苔藓或蕨类植物的水生繁殖方式，而这些植物比针叶树更早出现在地球上。欧洲红豆杉以此为我们提供了陆生植物受精方式进化的绝佳例证：从水生模式到另一种完全摆脱水的模式的演变。

欧洲红豆杉树枝顶端的雌花花序

这种排列方式可以提高雌花捕获花
粉颗粒的概率

Populus tremula

欧洲山杨

如何抵御霜冻

欧洲山杨穿着一身灰色登场，宣告霜冻时节已经结束。它把花打扮成这个样子，难道是在担心冬天尚未离去吗？"打哆嗦的花"这个名字可起得真不错（欧洲山杨的法语名字是 le peuplier tremble，而 tremble 有颤抖的含义）。从很远的地方就能看见欧洲山杨的花。它们比桤木或榛树的花更厚、更大，生有浓密的浅灰色茸毛，保护着藏在里面的生殖器官。至少开花初期就是这样。不过雄蕊一旦成熟就会胀得鼓鼓的，好像一个个漂亮的红色口袋，不复往日的低调。雌花的两个柱头则会长出长长的亮白色茸毛。

欧洲山杨是一种雌雄异株的植物，也就是说它们要么是雄树，要么是雌树。欧洲山杨也是风神埃俄罗斯的追随者。开花初期，花团上的鳞片紧紧闭合，谁也别想知道长长的茸毛下面到底藏着什么。看起来就像是一个爱胡闹的猎人在树枝上挂着许多奇怪的动物小尾巴。如果不想强行侵犯欧洲山杨的隐私，我们就需要再多等几天，才能在鳞片下找到它的生殖器官，雄蕊或者雌蕊。

平时，欧洲山杨在温带森林里并不显眼。而到了秋天，它的树叶就会变成红色或者金色，引人注目。不过这种树在北部地区才能称王。

因为它喜欢寒冷。跟它的名字相反，极低的气温并不会让它颤抖，即使

欧洲山杨雄花花序的特写。红色的雄蕊随时都
会打开，里面满是花粉颗粒

春风里的欧洲山杨花花序

右图：雄花花序顶端的特写。大部分的雄蕊尚未成熟，鳞片带着一簇簇羊毛般的毛絮，保护雄蕊不被恶劣天气伤害

在挪威北部也能找到欧洲山杨。在北半球森林里，欧洲山杨对于生态系统来说至关重要，因为它们为数量众多的动物提供了安身之所。驼鹿及其他有蹄类动物的食谱中也都包含了欧洲山杨。随着斯堪的纳维亚食草动物数量不断增加，有些人已开始为欧洲山杨树的未来担忧。

在欧洲地区，山杨树深受雄鹿和狍子的喜爱。但更需要注意的是，5月里出现的一种个子很大的鞘翅目昆虫，叫杨树叶甲虫。它们长得有些像瓢虫，有着红色的翅膀，黑色的前胸反射着蓝绿色的光。这种昆虫及其幼虫，能够吃掉整片树叶的叶肉，却几乎不会碰到叶脉纹络。由于这些叶脉纹络非常紧密，杨树叶甲虫能像艺术家一样，在啃过的树枝上留下一块块精美的镂空垫盘布。不过不要紧，欧洲山杨并没有因此而退缩。等到那些吃货寿命殆尽，它又会再次长出新的叶子。不过，如果欧洲山杨既不怕虫子咬它，也不怕天气寒冷，还不怕动物啃它，那它还有什么好"颤抖"的？那是因为风会吹动它的枝叶，摇动它的花序。

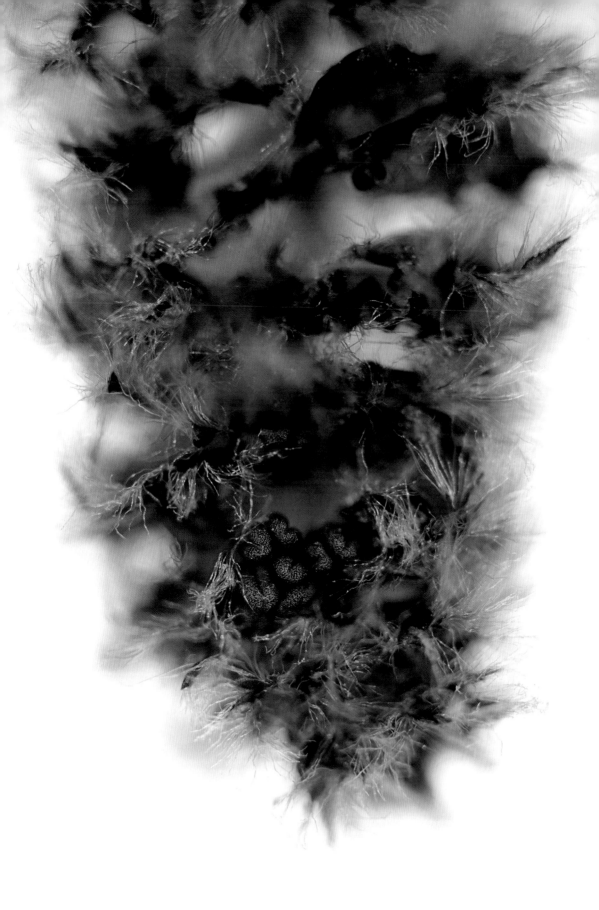

雄花花序。欧洲山杨的花期持续很久。起初是花序垂下的一端先开花，然后慢慢往上开，一直开到花序与树枝的连接处。随着时间流逝，花序会从树枝上脱落

右图：雄蕊的特写。每个雄蕊都是由两个相接的室组成，叫作花药。花药打开后，花粉颗粒就会释出来。而花粉颗粒里面有雄性生殖细胞（精子）

欧洲白蜡树

当一棵树创造了第三种性别

　　如果说要创造出第三种性别，那么欧洲白蜡树就已经做成了。实际上，欧洲白蜡树是一种三性混株或多偶制的树种。这是啥意思？意思是说，这种树的雄花只产生花粉，雌花只生有子房。受粉之后，胚珠就会长成种子。说到这儿，并没什么特别的地方。可是，欧洲白蜡树还有一些花是雌雄同体的。也就是说，这些花同时拥有两种性别，并且在不知羞耻的同时，制造着有繁殖力的花粉和胚珠。更为复杂的是，这些花中的一部分更偏向雄性，其雄蕊更为发达，雌蕊虽相对萎缩，但仍具备完整的功能；而另一部分花则表现相反，更偏向雌性。别急，这还没完！

　　欧洲白蜡树的花聚生在一起组成花序。然而，这些花序有时仅由单一性别的花组成；有时则是以某一单性别的花为主，混合着少量双性花朵；还有时却是完全由双性花组成。由于花序分布在不同的个体上，我们可以看到纯粹的雄性或雌性白蜡树，也能看到雌雄同体的或者主要为雄性或主要为雌性的白蜡树。简而言之，欧洲白蜡树就是那种一边保持着性别多样化，一边打算尝试所有姿势的树。但是，除了生殖系外，欧洲白蜡树没有任何累赘的装饰品。不管是雄树、雌树还是双性树，白蜡树的花都没有任何装饰：既没

白蜡树的花紧密地排列在一起。在还没长开的叶芽周围，花朵一边开放，一边露出生殖器官

欧洲白蜡树的新叶。树叶会在花期结束后开始发育，这样不会干扰花粉在风中传播

有花瓣，也没有萼片，只保留了最简单的表现形式。白蜡树的性特征就这样毫无遮掩，直白地展露了出来。但我们还是有必要仔细地进行观察，因为白蜡树的花都非常小，这也是风媒传粉植物共有的特点。

事实上，大部分的开花植物，差不多70%左右，都是雌雄同体的。

这些植物的同一朵花里，同时长着雄蕊和雌蕊。另有一些植物的同一个个体上，能长出纯粹的雄花和纯粹的雌花，这种雌雄同株植物相对略为少见。还有一些植物分为纯粹的雄树和雌树，这种雌雄异株植物更为少见。但三性混株已经走到了植物繁殖体系的尽头，没有别的模式了。欧洲白蜡树已成为一个完整的研究课题，因为这个模型能帮我们弄清楚开花植物的性别是如何进化的。实际上，这种树的优势不止于可以用来测试所有繁殖的可能性，它还拥有大量的表亲。

梣树属在全世界拥有40多种树种。（欧洲白蜡树名为 Fraxinus excelsior, 而梣树 Fraxinus 是这类树的通称。）其中一些树的花有花瓣，比如地中海的花梣（Fraxinus ornus），还有一些就没有花瓣，比如普通的白蜡树，它们只是很简单地将生殖器官低调地暴露在外。

因此，有些梣树用花瓣来吸引昆虫，而另一些则是依靠风来帮助繁殖。

那么进化是如何推动那些起初明显是虫媒繁殖的植物走上了把花粉托付给气流的道路呢？多偶制的繁殖体系又是如何运转的呢？这些研究课题真是令人着迷。

但是如今，这一生长于森林山谷凉爽湿润土地上的树种，正遭遇危险。近十几年以来，一种来自亚洲的真菌侵袭了欧洲白蜡树，其破坏性的病症能导致欧洲白蜡树的幼枝、主枝甚至主干死亡。原野榆树在乡间已不复常见，欧洲白蜡树也将遭遇类似的命运吗？没人知道答案，因为最新研究预测，只有3%的白蜡树个体能够抵御这种真菌的侵害。

欧洲白蜡树花序的特写。雄蕊处于不同的发育阶段，雌蕊生有两个柱头，一些雌蕊要比雄蕊还高。仔细观察我们能发现，其中几个柱头已经粘上了花粉颗粒，受精成功

左图：刚开花时欧洲白蜡树的树枝

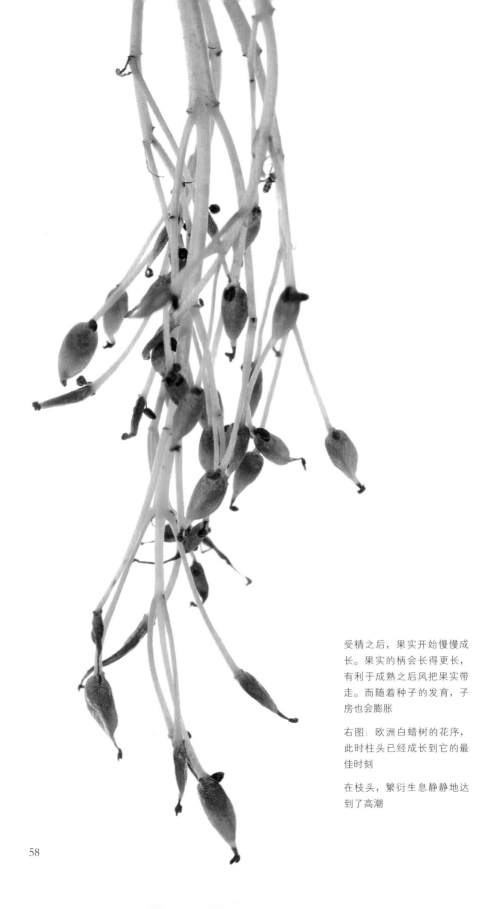

受精之后，果实开始慢慢成长。果实的柄会长得更长，有利于成熟之后风把果实带走。而随着种子的发育，子房也会膨胀

右图：欧洲白蜡树的花序，此时柱头已经成长到它的最佳时刻

在枝头，繁衍生息静静地达到了高潮

59

Carpinus betulus

欧洲鹅耳枥

如何光彩夺目而又谦逊简朴

　　残冬不日将尽，欧洲鹅耳枥却生机勃勃。在欧洲鹅耳枥身上，仿佛一切都是同时醒来。花朵和叶子已然迫不及待，一下子从长长的黄褐色尖芽中长了出来，就像急着去与第一缕阳光战斗似的。

　　与所有的风媒繁殖植物一样，欧洲鹅耳枥也是会在树叶长到密不透风之前就先开花，以免妨碍花粉传播。此外，欧洲鹅耳枥选择把它的雌花开在树枝顶端，而把数量众多的雄花开在树枝后边，这并不是偶然的。实际上，这种有点母权至上意味的花朵排列方式，可以让柱头更容易捕捉到风中飞舞的花粉，而不会被已开始发育的树叶所干扰。雄花们也不是只会袖手旁观，它们组成一条条饰带挂在树枝上，骄傲地炫耀着露出棕褐色一角的酸绿色鳞片。

　　每块鳞片下面都有大量的雄蕊，最多时能达到 20 根。它们会产生大量的花粉，以确保子孙后代繁衍生息。谁能想到，只用寥寥几种颜色就能画出如此迷人的花朵呢？

　　欧洲鹅耳枥绝对配得上它的名字（欧洲鹅耳枥的法文名字是 le charme，而这个词在法语中常被用于表示"魅力"的意思）。然而"魅力四射"这种

欧洲鹅耳枥雄花花序的特写。雄蕊尚为绿色，顶端带着茸毛，
从保护它们的鳞片中探出头来。这些茸毛是对每年这个时期
出现的食草动物的一种额外保护措施

欧洲鹅耳枥开花的树枝

品质更适合用来描述它的雄花，而不是雌花，因为它的雌花数量更少，样子也更不起眼。就坐于树枝末端前排的雌花们，衣着颜色十分清淡。然而，我们不能因此就对它们过分薄情。当我们俯下身去，仔细观察这些披着绿色外套的小花时，首先可以看到的是，两条柔红的细小花丝从鳞片下探出了头，伸向风中。很快，欧洲鹅耳枥的春日之恋就会结出带有条纹的圆锥形果实，它们镶嵌在绿色的珠宝匣中，在林中如同树枝上垂下一颗颗祖母绿宝石。那时，我们就能看到，这些小翅果生得如此的精美。这一刻，雌花的高光时刻终于到来，而雄花却早已成为一段遥远的回忆，随着林中枯叶消散。

即使没有如橡树或山毛榉一般饱受赞誉，欧洲鹅耳枥也一点都不缺乏魅力或能耐。这是一种生命力旺盛的树，无时无处不在显示着自己的充沛活力。修剪只会让它变得更加顽强，被剪短的树枝终又长成浓密美丽的树冠。若被砍断，则很快就会从根部生出嫩芽，在橡树和山毛榉的枝叶下形成一片矮林。这些天赋使得欧洲鹅耳枥成为人们建造树篱和其他植物围栏的第一选择。它还能将大量的木柴供给人们生火取暖，是矮林中用途广泛的树种。不过，它那较短的寿命是否会令它比不上橡树和山毛榉呢？短命只是表面现象，因为欧洲鹅耳枥根部发芽的能力几乎能让它保持永生。

欧洲鹅耳枥雌花花
序的特写。与雄花
花序相比，欧洲鹅
耳枥的雌花花序要
低调得多，仅由几
朵雌花组成，只有
半透明的玫红色的
柱头展露在外

欧洲鹅耳枥开着花的树枝。开在顶端
的是雌花，树枝上的则是雄花

大家各守其位，受精就能成功……但
这个任务肯定不是由瓢虫完成的

右图：要仔细观察才能分清雌花的花
芽和树叶的叶芽

Salix alba

白 柳

整块木头如何生根

　　白柳的花紧挨在一起聚成花团，看不到明显的花冠，雄蕊是凸起的，雌蕊展露在外。如果从这种形态上来看，白柳（Salix alba）毫无疑问是选择了风来传播自己的花粉。但事实并非如此！柳属植物可远比随便一棵树更令人惊奇，它们的性生活中从来没有简单二字。

　　初春温暖的日子里，白柳树开花的时候，睁开眼睛看看，再用鼻子闻一下。你看到了什么？又闻到了什么？你肯定无法相信你的眼睛和鼻子。那边，一只肥大的熊蜂正在笨拙地采蜜。这边，一群名为蓟马的黑色小虫聚在花朵上找寻着花粉。而那略带酸味的花香又是如此好闻！不用怀疑，柳树也是靠昆虫来繁殖的。通过风来传粉，叫作风媒花；通过昆虫来传粉，叫作虫媒花。而同时具有这两种传粉体系的，叫作双媒花。从植物性别特征的演化来看，柳属植物可被视为植物从风媒向虫媒过渡的一个样本。一个应该是诞生于差不多一亿三千万年前的样本！但这可不是柳树唯一的绝活儿。

　　简略地说，欧洲地区的柳树可以归为三类。第一类是灰毛柳（Salix cinerea），它代表了叶子上有凹凸花纹的一类柳树。这是一种小型树，喜欢生长在泥潭沼泽和有积水的地方。它们是花期最早的柳树，在长出叶子之

白柳的雄花迎来一位不速之客。这条橡树蛾的
幼虫只会吃掉植物，却不会去传粉

左图：从左到右依次是：雄蕊尚未成熟的雄花花序、雄蕊完全成熟的雄花花序、雌花花序

右图：白柳开花的树枝。图中所有的花都是雄花。在柳树中，不同的性别分别出现在不同的个体上

下页图：这算是拟态吗？左图是正在释放花粉的雄蕊，右图是粘满花粉的毛毛虫

前就会开花。第二类是荆条柳，包括三蕊柳（*Salix triandra*）、蒿柳（*Salix viminalis*）、红皮柳（*Salix purpurea*）。

它们是灌木，枝条特别柔韧。经常来袭的凶猛洪水塑造了它们的这种韧性，因为柔软的枝条才能顺着水流弯曲，却不会被折断。这也让它们深得篾匠喜爱。它们会在 4 月底开花，同时第一批树叶也正在成长。它们占据了曲折多变的大河陡岸与沙滩。白柳与它的伙伴爆竹柳（*Salix fragilis*）组成了第三类，即树状的柳树。三类中唯独它们算得上真正的大树。它们开花的时间跟第二类柳树一样。它们在大型水系的岸边生长，在两岸形成白木林。虽说在洪水的冲刷下很容易折断，但它们也完美地适应了水害，因为它们从树干或树枝的任何部位都能再次生根。

柳树不仅没有决定好最适合自己的传粉方式，还特别容易发生杂交。所有你能想到的不同柳树间的杂交树几乎都可以找到：同类柳树会出现混种，比如白柳与爆竹柳的混种、灰毛柳与红柳的混种、荆条柳与三蕊柳的混种；不同类柳树之间也能出现混种，比如灰毛柳与荆条柳的混种。这些混种的繁殖能力依然很强，它们还能继续与其他近亲或远亲树种杂交，甚至混种之间也能杂交，乱七八糟的一片，让人想起来就头疼。但幸运的是，柳树的树皮里有一种叫作水杨苷的分子，可用以制作阿司匹林来拯救你的脑袋。你得承认，造物真是神奇。

Acer platanoides

挪威枫

如何解决分类这个难题

开花的枫树总是很受欢迎的。寒冬过后，急不可耐的工蜂们终于等来了一种提供大量花蜜的树。春天刚刚开始回暖，枫树就被工蜂喜悦的嗡嗡声环绕了起来。在3月最后的几天里，熊蜂、蜜蜂以及其他的花蜂、小型独居蜂等，全都一拥而上，围住了那由黄绿色小花组成的伞状花序。

在这个时节，能提供花蜜的花还不是很多。枫树花的颜色如此朴实，难道是因为竞争不够激烈吗？众所周知，绿色是属于叶片的颜色，黄色才是花的颜色。大部分依靠昆虫传粉的开花植物都是黄色的。此外，农学家也会使用黄色的碟子来引诱农作物周围的昆虫，以便估测昆虫的数量。

然而，挪威枫却无视这种既定事实。看着那略带荧光的黄绿色花冠，我们可能会觉得，枫树还在犹豫到底要不要把自己珍贵的花粉托付给昆虫。不过，枫树千真万确是虫媒的。它每朵花上围成一圈的花盘都能生产大量的花蜜（能达到每天 0.5 毫克）。枫树还有另一个绝活儿，那就是它们的花粉颗粒具有黏性，更便于昆虫传粉。

然而，麻烦的问题是如何分类。我们能找到同时生长着雄花和雌花的枫树（雌雄同株）。在这些枫树上，雄花会比雌花更早成熟，以确保交叉受粉。

挪威枫花序基部的特写。花蕾的鳞片与泛着黄色的花形成强烈的反差

同时，还能找到只生有雄花或雌花的枫树（雌雄异株）。

除此之外，有些雄花除了有八根雄蕊外，有时还会有一根萎缩的、不具功能的雌蕊。而有些雌花，除了有一个分成两支的柱头外，有时还有八根萎缩的、不能产生花粉的雄蕊。

我们可能会觉得，枫树又在犹豫了。然而并非如此，这些萎缩的器官只是揭示了在进化过程中，开花植物最初是雌雄同体的，即同时拥有雄性和雌性特征，而后来逐渐变成了雌雄异体，即不是雄性就是雌性。挪威枫以此证明了进化仍在继续。这有点像在枫树的生存史上，它们最初更倾向于保留自体受精的可能性，而后又一点一点地试着摆脱这种方式。这样，枫树就不用担心会发生由于自己不能移动而导致找不到伴侣来繁殖的情况。

人们在全世界共发现了约 150 种枫树。

它们基本上都分布在北半球，其中有近 100 种生长在亚洲，欧洲有十几种。

枫树的花有的是低调的浅绿色，有的则拥有彩色的花瓣。

不过，如果说这些树好像还没想好到底依靠昆虫还是风来繁殖的话，那么它们已经全都清楚地选好了要如何传播果实。

枫树雌花的子房生有四个胚珠，其中只有两个在受精后会成长起来。子房会长成两个一组的果实，果实生有宽大的膜翅。这些翅果将如螺旋桨般在风中飞旋，陪伴着孩子们度过一段幸福的时光。

挪威枫的花序，其中混杂着幼花……和
两条贪婪的毛毛虫，但查理在哪儿？

左图：挪威枫开着花的树枝。一组组黄
色花朵在光秃秃的树枝上非常惹眼，可
以轻松吸引到昆虫来传粉

欧亚槭垂下来的花序（挪威枫的近亲树种）

右图：挪威枫新生的花序。急着去繁衍后代吗？抽芽还没完成，花朵们就已迫不及待地伸出了雄蕊

挪威枫的新叶刚刚从冬季
的长眠中醒来，鳞片的包
裹使得叶片皱皱的

下页图：挪威枫花朵的特写。
黄色的花瓣、分泌花蜜的宽大
花盘以及杯子形的花朵，这些
都是虫媒传粉的特征

Betula pendula

垂枝桦

当弱势性别想要反击

看到垂枝桦的名字，大家很可能以为这是桦树家的一个丑女（法语中，垂枝桦名为 le bouleau verruqueux，意为"长瘤子的桦树"）。

从某种形式上来说，就仿佛一只癞蛤蟆变成了树。然而，真实的垂枝桦有着羊皮纸一样熠熠发光的树皮和优雅低垂的纤细枝条，更像是一位身披轻纱妖娆的女郎！垂枝桦的细枝上生有凸起的小疙瘩，这些疙瘩既是垂枝桦名字的来历，也被用于区分它与其表亲毛桦的异同。毛桦当年生的树枝更为粗壮，几乎不会下垂，表面还覆盖着一层短短的细毛。毛桦的叶子也不一样，叶片是毛茸茸的，根部更圆一些，边缘的锯齿要少一些，叶尖也更短。

这两种树的花都很不起眼，就像桦树家族的其他成员一样。垂枝桦的花在嫩绿色的叶丛中并不突出。跟桤木和欧洲鹅耳枥一样，桦树的雄性花序也是垂在树枝下面的。作为风媒传粉树种的典型代表，桦树的花没有无用的花瓣，也没有细腻的香气，甚至没有多余的颜色。因为节制是植物界的主旋律，毕竟制造花蜜、香气以及其他漂亮的部件都要耗费植物大量的能量。资源应该用在更有需要的地方。

桦树虽然把传粉的事交给了风，但它还得制造上百万的花粉，以期其中能有几个幸运儿可以侥幸抵达邻近的桦树，并使其雌花成功受精。想免除媒

垂枝桦的雌花花序挺立在风中

花无用的打扮，也得付出足够的辛苦。

　　所以说，垂枝桦是一种厉行节约、注重实用的植物。跟桤木和欧洲鹅耳枥一样，桦树的雄花花序也在风中垂摆着。无可否认这是家族风格，但垂枝桦还是有其小小的独特之处。不过这可不是什么华丽的东西，必须非常仔细地观察，才能在雌花上找到这不同之处。桤木和榛树的雌花花序长在树枝的尖端，非常短小，很不起眼。而桦树的雌花花序却与之相反，它们骄傲地向上挺立着，就好像小一点的雄花花序。雌花花序这种骄傲的姿态，颇给人一种像男性生殖器的即视感，很容易让人错把它当成雄花花序。这并不是说桦树身上正在进行一场性别大战，事实恰恰相反。作为有经验的风媒繁殖植物，桦树花长成这样，只是为了提高雌花受精的可能性。为了实现这一点，必须让雌花更容易完成任务。雌花挺立在树枝上，站得比新生叶子还要高，为的是更方便捕捉风中的花粉颗粒，以此提高受精的效率。而雄花花序柔软下垂的姿势，让它更容易随风颤抖，释放出成千上万的花粉。风情万种而又谦逊庄重，节俭持家却也不失潇洒，很明显，桦树拥有一切讨人喜欢的品质。

左图：垂枝桦的树枝。
桦树家族的成员开花都
是在树叶长成之后，这
在风媒植物中是个例外

雄花花序的特写。与大
多数的风媒植物一样，
垂枝桦的花只留下了雄
蕊和保护雄蕊的鳞片

雌花花序的特写。与雄花一样，雌花也没有花瓣或萼片，只有一条由鳞片组成的腰围，用来保护生殖器官

右图：雌花花序立于叶片上方，雄花花序则垂在下面。这样的安排更利于受精

Prunus avium

野樱桃树

为何靠近与受精能够押韵

　　花树中的王子终于登场了。4月中旬之后，大部分的树已经进入生叶期。野樱桃树用它树冠上的白色花朵点亮了整片森林，尽管它自己的叶子还迟迟没有长出来。让我们靠近些看看这些洁白、精致的伞形花朵。终于有一种树，没有把花开得半途而废。而低调内敛，也不是野樱桃树的选择！当其他树还在一边想方设法展示着绿叶，一边悄悄地在风中开花时，野樱桃树已经另辟蹊径。它亮白色的大花朵已经备好花蜜大餐，等待着春日里那些采蜜昆虫登门拜访。等天气变得再暖和一点，野樱桃树就会把花粉托付给这些昆虫"特派员"。野樱桃树的耐心给我们带来了最好的视觉享受。五片半透明的白色花瓣，长在五片不显眼的萼片之上，它们共同保护着宝贵的生殖器官——长着黄色花药的雄蕊和长在白色花柱上的圆形柱头。每朵野樱桃花都有很多雄蕊，平均可达35根，是花瓣数量的7倍，但是胚珠只有一个。

　　野樱桃树讨厌孤独。它的花可以产蜜，但同株野樱桃树的花粉与胚珠却不能结合。无论是野生还是人工种植，它都不能自体受精。如果不同的野樱桃树离得不够近的话，它们是无法结果的，因为虽然蜜蜂以及食蚜蝇等昆虫都会主动来拜访野樱桃花，但这些传粉者都倾向于一朵挨着一朵地采蜜，最

野樱桃树的花冠门户大开。可以很清楚地区分
较粗的雌蕊和雌蕊周围的多个雄蕊花丝

一条野樱桃树枝上开着几朵
白花

右图：野樱桃树的新叶。野
樱桃树的叶片会在花开期间
成长。而野樱桃树依靠虫媒
传粉，树叶并不会对此形成
干扰

终很难把花粉带到很远的地方。昆虫徜徉在野樱桃花的花瓣杯里，陶醉于甜美的花蜜。它们时不时就会蹭到雄蕊，每次都有几个花粉颗粒会粘在外壳上。然后，它们又会去探索别的花朵，同时把花粉颗粒留在其他花朵的柱头上。这样，受精就完成了，果实也要开始生长了。

很快，花瓣就会凋落，成为千万片亮白的闪光铺满林间。在原来开花的地方，一个绿色的小珠子正在一天天地长大。野樱桃果实是核果，柔软的果肉包裹着一颗坚硬的果核，保护着里面的种子。大概两个月之后，乌鸫及其他鸟类就会被这种富含糖分的红色果子给迷住。这回就轮到它们来帮助野樱桃树把果核散布到树林之外了。

野樱桃很酸又缺乏甜味，对于我们来说不怎么可口，但它们却养活了很多代新石器时期的人类。早在古希腊、古罗马时期，人们就已开始不断筛选果实更大、更甜的野樱桃树变种，最终才有了今天我们喜爱的樱桃。如今在欧洲种植的樱桃树，其源头除了野樱桃树之外，还有另一个近亲树种——酸樱桃树（*Prunus cerasus*）。它的果实更酸，常被用来酿造樱桃白兰地。其他的变种也都是来自上面两种树的杂交（*Prunus x gondouinii*）。与野樱桃树相反，酸樱桃树能够自体受精繁殖，并且这种灌木还具有从根部长出不定芽的能力，可以无性繁殖。

因此，酸樱桃树可以很快形成一片宽大的灌木丛，而野樱桃树则一般只有一根树干，高度能达到 20 米。

野樱桃树新生的花。绿色的萼片主要起到保护作用，而花瓣的作用是吸引传粉昆虫靠近生殖器官

右图：野樱桃花。大量的雄蕊会产生数以千计的花粉颗粒，而子房里则只有一个由受精胚珠发育而来的胚胎。生产雄性生殖细胞总是要比生产雌性生殖细胞更重要，也更消耗能量

下页图：精美的野樱桃花。一切都是为了吸引采蜜者来参加这场为了繁衍而准备的舞会

Quercus robur

夏栎

当基因毫无困扰地混在一起

要说谁是森林里众所周知的大人物，那一定是栎树。它是树林中最常见也最长寿的一种树，堪称树中楷模。如今，栎树是法兰西共和国的象征，代表着正义。而当年凯撒大帝打算穿越高卢地区的时候，栎树的外形就已经引起了他的注意。但是你知道吗？在"栎树"这个通用名称后面，其实藏着许多不同种类的树。

其中有两种树相比其他更为普遍：一种是无梗花栎，另一种是夏栎。这两种栎树非常相似，很难分清。区分它们最可靠的方法是观察它们的雌花。这些雌花将会长成橡子。如果橡子是直接嵌在花枝上的，那这棵树就是无梗花栎，名字里的无梗，说的就是这个意思。而夏栎却是相反，雌花和橡子都有长长的花柄连着。

非常幸运的是，用来区分这对森林好伙伴的特征不是只有花和果实，看叶子也能区分它们。无梗花栎叶子的主叶脉会延伸出一小段，用来把叶子连接在树枝上。叶片通常会沿着叶柄下垂。而夏栎的叶子几乎是无柄的，并且叶片与极短的叶柄交会处是弯曲的。这两种栎树都有雄性和雌性花序，它们分别生长在不同的总状花序上。所有的花都是绿色的，从树枝顶端垂下来。所以，栎树是一种雌雄同体、依靠风媒传粉的植物。4月中旬前后，平原地

栎树的雄花在新叶间低调地开放

当树叶开始生长时，栎树的花已在风中垂摆，释放着花粉

右图：要在新叶中寻找很久才有希望找到雌花，它们数量很少，只拥有最简单的结构：带茸毛的鳞片包裹着蜷成一团的柱头

区的栎树就会开花，这时树叶也刚刚开始生长。这位森林里的巨人开起花来却格外低调，即使在花期，它一身上下仍然都是绿的。

无梗花栎与夏栎尽管是两种不同的树，但它们很容易发生杂交，尤其是对于后者来说。大量学者都对欧洲栎树的遗传学产生过浓厚的兴趣。经过对欧洲栎树 DNA 的仔细研究，学者们发现栎树在欧洲有着很长的迁移史。在欧洲地区的森林里，栎树并非一直过着幸福的生活。第四纪气候出现过反复变化，迫使栎树反复地进行南北迁移。在最后一次冰川期结束时，除了西班牙、意大利和巴尔干半岛这三处避难之地外，欧洲大陆上已看不到栎树的身影。而一万八千年前，从这几个根据地出发，栎树又重新攻占了欧洲大陆。但无梗花栎起初没能战胜这次挑战，它就像一位顽固的守林人，天生就无意侵占尚未侦察清楚的土地。

而夏栎则毫不犹疑地开始探索新天地，它已做好了远行的准备。难道无梗花栎就这样留在了后方，躲在古老的庇护所里眼看着夏栎的枝叶笼罩整个欧洲吗？这么想就忽略了无梗花栎骨子里的精神——合作。无梗花栎搞起了杂交，然后开始了属于它的大冒险！无梗花栎借助夏栎的基因组，获得了夏栎的殖民扩张能力。通过连续几代的杂交，无梗花栎逐渐重建了庞大的族群和最适合它的生态条件，这为它重返北方赢得了宝贵的时间。

98

夏栎的雄性花序。雄蕊处于不同的生长阶段：
黄色的、满是花粉的，及干枯而空瘪的……

左图：典型的夏栎叶子，叶片根部有像被扭过
的形状。一只橡虫正在叶子上爬行，它是众多
以栎树叶为食的草食物种之一

Crataegus monogyna

单子山楂

为何繁殖不单是花柱的事

　　单子山楂无疑是乡间最常见的一种灌木。枝头繁花怒放，春日弥漫花香，山楂树毫无争议地成了树篱女王。

　　别看它一副娇弱的外表，这位矮林里的女武神总是非常积极地保卫着自己的领地。在它的树叶之下，标枪一样的可怕短枝已经准备就绪，所有试图从中穿过的人都不得不感受枪刃的锋利。要知道，单子山楂的另一个名字就叫"白棘"。现在，先让我们回到那个最广为人知的名字"单子山楂"。这个名字已经指出，"单子山楂"只有一根花柱（单子山楂的法语名称直译为"单柱山楂"），这种结构被称为单雌型。如果你意外地在花冠里发现了两根花柱，那这朵花就是刺山楂的花了。刺山楂是单子山楂的近亲，它的刺也没有显得更多或更少。植物学家可能又起错了名字……山楂是欧洲最普遍的一种灌木，无论是在海边或是山里、干燥或是湿润土地、酸性或是石灰质土壤，都能看到它们的身影。因此，无须惊讶当乡下人打算用活着的植物打造围墙时，都会一致选择山楂和黑刺李作为基础植物。

　　跟带刺的犬蔷薇一样，山楂也归于蔷薇属。蔷薇属植物的花冠都有五片花瓣，组成规则对称的杯子形状。花瓣一片挨着一片长在花萼上，花萼也是

单子山楂的花冠。雌蕊长在花朵的中央，雄蕊
举着玫瑰色的花药环绕在外围

一枝芬芳的山楂花吸引着昆虫

右图：山楂花的花瓣排列成杯子的形状，这样更方便传粉昆虫降落

下页图：伴随着花开，花药一点一点地释放着花粉颗粒

由五片萼片构成。而雄蕊却有很多根，每根雄蕊都有长长的花丝，花丝顶端长着两个淡粉色的花药。很久以来，花朵们就保持着这种配置方式，并且几乎没有什么变化。蔷薇科植物还是地球上最早的被子植物之一，出现于第三纪初期。花冠门户大开，这样各种昆虫都能采到花冠根部的花蜜，同时也会毫不费力地接触到雄蕊和花粉。

比如山楂花就有很多不同的昆虫来访。蜜蜂、熊蜂、蝴蝶、食蚜蝇，甚至还有鞘翅目的金匠花金龟子、露尾甲科的小型金龟子等，在大量花朵和花粉的吸引下，它们一拨又一拨轮番到来。山楂花的策略就是让空气中充满它散发的芳香，来吸引尽可能多的昆虫。

对于这些昆虫传粉者来说，山楂花可并没有什么特别的地方。因此，山楂花经常要与同时期开花的其他植物进行激烈的竞争。要知道，5 月里花朵间的竞争是非常严酷的。如果昆虫数量众多，那就没什么问题。跟其他植物一样，山楂花也会得到自己的那一份传粉媒介，足够完成繁衍。但如果昆虫相对稀少的话，竞争就会加剧。传粉者不足会导致异花受粉植物的受精率下降。这是所有开花植物都要面对的问题。植物精子不具备移动能力，只有把含有精子的花粉送到正确的柱头上，受精才能实现。落在柱头上之后，花粉会长出类似吸管的结构，这根花粉管会把精子送到该去的地方。这种虹吸受精方式是开花植物特有的繁殖特点。而其他植物比如藻类、蕨类、苔藓类植物以及动物的雄性配子都是能移动的。这种受精方式速度更快，偶然性也更低。由此可见，对于单子山楂以及其他的植物来说，繁殖后代都不单是花柱自己的事。

Pinus sylvestris

欧洲赤松

当爱意持续两年

　　与那些阔叶树一样，针叶树也是开花植物。但也像很多的树一样，不要期待它们会开出华美的花束来。实际上松树、冷杉以及其他刺柏都是依靠气流来传粉的。它们只需要下功夫把花粉撒到风中，就不必再为了制造花瓣和花蜜而做无用功了。这些树都属于裸子植物，即"种子是裸露的"意思，因为它们没有专门用子房来包裹、保护自己的种子。

　　松树是一种雌雄同株的植物。在同一棵松树上同时生有雄花和雌花，但开花的位置并不一样，以方便不同个体间异株受精。雌花仅由一个胚珠构成，胚珠就在鳞片的根部。松树多个雌花组成类似圆锥的形状，科学家称之为"球穗花序"，也就是众所周知的松果。雄花组成一个个小球，生长在树枝顶端，雄蕊被保护在鳞片里。松果的胚珠直接裸露在外，而被子植物的种子被子房保护着，受精之后子房会发育成果实。这是两者的最大区别。裸子植物的这种洒脱让它们付出了高昂的代价。裸子植物出现得更早，它们一度是侏罗纪风景的主体，直到被如今占据多数的被子植物所取代。我们认为，后者的成功很大部分归功于果实的发明。

　　欧洲赤松选择风作为自己的运输代理。但大家都知道，风神埃俄罗斯总

欧洲赤松花枝的特写，生有茸毛的黏性鳞片能
起到保护作用

开着雌花的欧洲赤松树枝。在同一根树枝上，我们能够找到生长在末端的当年的花、去年受精的松果以及前年甚或更早的已经干枯的松果（特写）

是心不在焉，于是欧洲赤松只好采取些预防措施。首先，它会生产非常大量的花粉。在传粉的高峰期，我们有时候甚至能看到"硫黄之雨"，淡黄色的花粉颗粒被风吹得到处都是，仿佛空气都已为之饱和。第二个措施是，欧洲赤松给每个花粉颗粒都装上了充气的小气囊，一边一个，就像米老鼠的脑袋似的。这样，花粉颗粒就更容易被气流带走，可以飞得更远。尽管如此，科学研究表明，大部分散发出去的花粉颗粒仅能抵达半径几十米的范围。此外，花粉颗粒的旅程也很危险，可能会让它们很快失去繁殖能力。

　　长途跋涉终于迎来终点，花粉粘在了胚珠上。实际上，胚珠暴露在风中的部分小到只有用显微镜才能看到。对于大部分的开花植物来说，花粉颗粒在柱头上萌发之后，很短时间内受精就会完成，但对于欧洲赤松来说，这个时间要长得多。你可以自己来估算一下，当花粉颗粒被释放出来并被含有胚胎的球果捕获之时，雌性生殖细胞胚珠尚未成型。当花粉颗粒开始长出花粉管的时候，胚珠才慢慢地开始成熟。直到第二年，花粉管连通了胚珠，受精才终于完成。这种要持续两年的受精方式普遍存在于所有的针叶类植物。因此，我们能在欧洲赤松的同一根树枝上看到三代松果：小小的当年松果，正在等待花粉；正在受精的去年松果，它们是绿色的，已经开始长大；还有两年前的松果，它们已经成熟，正在释放种子。

开着雄花的欧洲赤松树枝。
雄花的数量比雌花要大得
多，因为只有生产足够多的
花粉，才能确保少量花粉颗
粒能够抵达目的地

雌花花序的特写，未来的松果

右图：花期里幼小的雌花花球，生长在树枝的顶端。树枝上没有叶子，以便于雌花更容易收到风带来的花粉颗粒

Sorbus aria

欧洲花楸

如何与金匠花金龟子相爱相杀

当山楂花朵凋谢、花瓣坠落的时候，一种不那么常见的树接过了群花舞会的火炬。现在，终于轮到欧洲花楸走上舞台，加入这场植物的爱之环舞。从几天前开始，花楸树带着细小锯齿的宽阔叶片就戴上了它最美的银色饰品。在树林边缘干燥的石灰质土地上，欧洲花楸正在慷慨地炫耀着它浓密的枝叶。

而大团的伞状花序开始渐渐出现，挺立在树叶之上。每个花序都由好几十朵花组成，每朵花都有五片纯白色的花瓣。花楸树也选择将白色作为自己婚礼的主色调，花瓣、雄蕊、花药，一切都是洁白无瑕的。雌蕊有点微微发绿，但几乎没有人会注意到。而萼片是绿色的，但上面也布满了银白色的茸毛。花楸树花朵大概有 1.5 厘米宽，它们的样子让人不禁想起更大一些的山楂花。这没有什么好惊讶的，因为它们两个都是蔷薇科的植物。

与 5 月明星山楂树一样，花楸树也依靠昆虫传粉。昆虫们远远地就会发现，白色的托盘伸向它们，降落跑道清晰可见，餐位也已准备妥当。那这些是给谁准备的呢？花楸树的花没有狭窄的管道，也没有什么其他的复杂配置。它拱手送出自己的花蜜，不带一丝扭捏羞怯，没有任何矫揉造作，更不会对任何昆虫有所偏颇。参加喜宴的客人无须经过任何筛选，即使有也只是一点点。

一大簇花楸树花冠。聚集在一起的花朵可以增加对昆虫的吸引力

花楸树花朵的特写。花朵的结构非常规则普通，并不需要特殊类别的昆虫来实现传粉

右图：花楸树的叶

花楸树也是一种非特定昆虫传粉植物，蜜蜂、熊蜂、食蚜蝇及各种蝇类，甚至鞘翅目昆虫都会来参加这场花蜜盛宴，就像担心这场婚礼会出现空桌一样。

必须要说，这些"宾客"的责任就是把花粉从一棵树带到另一棵树，来帮助花楸树完成繁殖。因为至少对于一部分花楸树来说，它们是不能自体繁殖的，一棵树的花粉不能让同一棵树上花朵的雌蕊受精，必须要交叉受精。丈夫必须被人送到配偶床上去，这是多么奇怪的婚礼。

面对花楸树的慷慨大方，所有昆虫都面带微笑，因为除了它们，还有很多其他昆虫在觊觎着花粉传播者的职位，但是，偶尔也会有令人扫兴的家伙不请自来，糟蹋掉整个宴会。瞧那个金匠花金龟子，那个穿着彩色金属盔甲的漂亮鞘翅目昆虫，它施施然自己来到了花间，一打眼就给人留下强烈的印象。试想这样一个镜头：一头荧光绿色的肥大奶牛，降落在开满雏菊的田野中央。这种出场方式多么触目惊心！问题是什么？这些鞘翅目昆虫，就是大部分长成这样子的昆虫，都不是靠谱的传粉者。它们光滑发亮的几丁质甲壳很难粘住花粉。金匠花金龟子不具备任何可以用来传粉的形态结构。它们还像家禽一样蠢笨，花上好长时间也去不了几朵花，但更重要的是，它们还吃花粉；不仅吃花粉，它们还啃花瓣。总之，一切软的，能够通过它们口器的东西，都会被它们贪婪地嚼碎。它们就是恐怖和混乱的化身！这种虫子应邀来参加花楸树的婚礼，却会趁机吞掉新郎、新娘。这也称得上是某种形式的相爱相杀吧。幸运的是，还有许多其他的采蜜者可供花楸树依靠。

花楸树花朵雄蕊的特写

右图：开满花的花楸树枝。花楸树的花
序由很多花组成，它们开在树叶上方，
以便昆虫可以清楚地看到它们

Viburnum opulus

欧洲荚蒾

当假花对真花有益

　　走进泥塘沼地，趟着腐水前行，腐败的气味钻进你的鼻孔，高高的芦苇挡住你的视线，眼前只有芦苇锋利的茎叶。欢迎来到欧洲荚蒾领地。

　　人们诋毁、厌恶这些地方，而娇嫩的欧洲荚蒾却像是生活在这些地方的仙女。的确，欧洲荚蒾生长的土地总是泥泞、湿润的，地上的水坑可能会令你跌倒，还有大群的蚊子在你耳边嗡嗡作响，但当你在一片柳树和灯芯草中看到一棵正在开花的欧洲荚蒾时，你就会觉得仿佛进入了一个迷人的幻境。大团的伞状花序洁白无瑕，给人以光明与安抚。这位美人在开花时毫无节制之意，为了吸引驳船到来，它总是不遗余力。你们可以看到每个花序都是由几十朵直径 5 毫米左右的白色小花组成，每朵花都有五片花瓣、五根雄蕊，以及三个直接长在子房上的无柄柱头。这与所有的典型花朵并无不同。

　　然而，尽管这些花处于花序的中央，但人们第一眼会注意到的却并不是它们。在花朵周围，还有别的东西更为惹人注目。它们非常巨大，也长着五片白色花瓣。它们是如此之大，中间的小花好像都成了一朵大花的花心。这就是欧洲荚蒾的目的——欺骗。小花周围这些丰满诱人的大花并没有繁殖能力，无法结出果实。这是当然的，让我们离近点看看：我们可以清楚地看见

欧洲荚蒾的花序开在树叶上方。花序组成宽敞的平
台，方便来访的昆虫找到合适的降落地点

欧洲荚蒾的花序开在
树叶之上

五片花瓣，但是却找不到雄蕊和雌蕊的踪影。没有任何用来繁育下一代的器官。很简单，欧洲荚蒾只是想用这些不会被忽视的大花来吸引昆虫。事实上，欧洲荚蒾的花序是由两部分组成的：外围是无繁殖能力的装饰物，中央则是低调但能结果的真正生殖器官。

也就是用一束花来组成一朵花。这是一时的心血来潮吗？其实并不是，因为在很多植物家族当中，"一朵花"的组成部分其实本身就是一朵完整的花，蒲公英、雏菊甚至胡萝卜都是如此。通过把花像这样重新组合，这些植物就能提高传粉的概率。昆虫来到一个花序，就能一下子带走好多花的花粉。用好多花来"重组"成一朵花，这真是生命进化过程中一条神奇的道路……欧洲荚蒾似乎用这样的方式，践行了比利时人的格言：团结就是力量！

欧洲荚蒾的花展现出两种完全不同
的形态。只有位于中央的花，才是
有效的生殖器官

外围大花的作用是向传粉昆虫展
现更强的吸引力

右图：无繁殖能力的大花长在有
繁殖能力的小花上方。从细节来
看，大花的雄蕊和雌蕊都已夭折

Tilia cordata

小叶椴木

谁能解开传粉者被害的谜团

　　作为花草茶之王，椴树还需要我们进行介绍吗？椴树广为人知，不只是因为它心形的叶子被视为爱情和忠贞的象征，更是因为椴木还具有安抚人心的特性。它的花是那么娇小而不起眼，却又如此芬芳，它奇特的叶柄还带着翅膀，除了这些，这种树还有很多的东西要展示给我们。

　　每个人都知道，夏季初期，椴树会在树叶长成之后开始开花。椴树的花是雌雄同体的，也理所当然是依靠昆虫来传粉的，特别是蜜蜂和蝇类。不过也有报道提到过椴树存在风媒传粉的个例。然而与很多种类的植物和动物一样，椴树会优先寻求不同个体间的交叉受精。但这是一场风险很高的赌博，尤其是当椴树已经奢侈地在一个花冠里具备了两种性别。不过没关系，我们骄傲的椴树想到了一个好主意。它每朵花都有15—30根雄蕊，当雄蕊成熟的时候，雌蕊还没长成，还不能接受花粉。这种模式我们称之为雄蕊先熟。雌蕊有一个柱头，生有5个裂片。雌蕊的子房里有十几颗胚珠。大部分情况下，只有一个胚珠会发育成种子，种子外面会包裹着圆形的硬壳。椴树的花序是伞形的，一般由3—11朵花组成，偶尔会更多，但这些并不是椴树最神秘的地方。

小叶椴木的幼花花序。萼片保护着花朵的组成
部分

椴树的花，被等待开放的花
苞围绕着。分期开花可以延
长昆虫来访的时间，进而提
高结果的概率

右图：椴树花的特写

椴树的蜜腺生长在萼片根部，有茸毛保护，每天能产生 0.5—5 毫克的花蜜。这么大的产量一定会引来采蜜者。而我们的谜题就从这里开始。椴木的芳香深受人们喜爱，但有一天，一些自然学家发现，在一些椴树脚下经常会看见几十只死去的蜜蜂和熊蜂。进一步仔细观察就会发现，某些种类椴树下的牺牲者相较更多，比如因抗污染能力强而常被种在城市里的银毛椴（*Tilia tomentosa*）。但为什么一株能大量产蜜的蜜源植物会杀死它的传粉者呢？这样做对于椴树本身只会起到反作用啊！

一些研究认为，问题出在这些椴树的花蜜上。人们怀疑这些花蜜中包含的某种糖分欺骗了昆虫，会让它们产生一种虚假的饱足感。而实际上，昆虫才刚刚吸到很少的花蜜，还不足以支撑它们返回虫巢。这样，那些不知疲倦的采蜜者以为自己吃了一顿大餐，结果却被饿死了。不过众所周知，科学在慢慢地进步，偶尔也会退步。其他针对这个问题的研究并没能证实这种中毒现象。因此，直到目前这仍是一个未解之谜。在没有找到答案之前，有人建议最好避免种植某些种类的椴树。小叶椴木和大叶椴木（*T. platyphyllos*）这些本地种类的椴树貌似不存在这一问题，或者只沾一点边儿。这给我们一个很好的理由去多种已经驯化了的本地树种，少种一些外来树种。

小叶椴木开花的树枝。花朵虽不起眼，但花香却是浓郁芬芳

左上图：椴木树叶间还未开放的花。淡绿色的苞片将有助于果实的扩散

欧洲金银花

熊蜂如何干扰蝴蝶效应

金银花带着甜美的香气在夏日里开放。它的花瓣有着三文鱼一样的颜色，上部打开像两片张开的嘴唇，而下部连在一起像一根长长的管子。这些特点都清楚地表明，金银花是一种虫媒传粉植物。可是，并不是随便什么有翅膀的家伙都能得到这位林中讲究人的接待。金银花的精酿，藏在管状花冠又深又窄的底部，只有那些拥有长长吻管的昆虫才能够得着。金银花会在夏季的夜晚散发出香气，用这样的方式来吸引夜晚活动的蛾类，主要包括天蛾和夜蛾。女贞树天蛾就是其中一种。当白昼将尽，蜂鸟鹰蛾和粗边蜂鹰蛾就会来拜访金银花，后者也因此得到另一个名字：金银花蛾。这些访客大部分都是一边飞一边采蜜，就像蜂鸟一样。为了方便它们完成任务，金银花花冠上部的花瓣像两片张开的嘴唇，下部则呈管状。五根雄蕊和一根长着圆形柱头的雌蕊挺立在管子上方，弯向花冠的下唇。这种分为两边的结构，被称为两侧对称结构，是植物为了适应某些特定昆虫传粉而进化出来的。过去，花的结构布局都是围绕着一个中轴排布的。如铁线莲、山楂树或枫树，它们的花形状、结构都是规则的，这种叫作辐射对称。

像金银花这样专门利用某一类昆虫作为传粉者，可以最大概率地保证花

欧洲金银花花冠的特写。欧洲金银花的花瓣像两片
张开的嘴唇，这是为了适应动物传粉的一种变化

粉被传递到同种植物的另一个体。制造花粉需要消耗大量的能量，而这种方式则可以减少花粉的浪费。当昆虫靠近金银花时，金银花会引导它来到花冠的管状部分，溜到金银花的生殖器官下面。当昆虫采蜜的时候，身体会碰到花药和雌蕊。采完一朵又去另一朵，昆虫就把粘在身上的花粉从一朵花带到了另一朵花的柱头上。就这样，来访者享受了预留给它们的美食，同时也帮助金银花完成了受精，虽然它们对此一无所知。

尽管金银花挑选特定传粉者的策略设计得很好，但有时也会被一些狡猾的小家伙钻了空子。熊蜂也是来访者之一，它们又大又笨，不干活儿却只是毫不客气地掠夺。当熊蜂发现金银花载满花蜜的花冠后，它不会从花冠预留的入口进去，而是在花冠的底部直接钻出一个洞来吸食花蜜。它们白白地拿走了报酬，却毫不理会弯在花冠外的雄蕊和雌蕊，压根儿没有参与到金银花的繁殖过程中。这个不靠谱的家伙，就只顾着吃！

左图和右图：金银花开着花的树枝。金银花会在夜晚散发出强烈的香气，吸引着传粉者，也令散步的人享受其中

下页图：金银花的花冠。注意看，图中右边的雌蕊与左边的雄蕊远远地分开，是为了避免将花粉传到同一个体的雌蕊上

Clematis vitalba

白藤铁线莲

没有花瓣要如何迷人绽放

　　活力充沛的白藤铁线莲喜爱生长在石灰质土壤里。这种藤类植物是树篱的俏佳人，又是树篱的保护者。它旺盛的生命力和缠绕攀缘其他树木追寻阳光的癖好常被一些人诟病。人们指责它不正当竞争，甚至有人说它寄生在别的植物上。然而事实并非如此。与常春藤一样，铁线莲也是从土壤中汲取养分的，而并非吸取宿主的汁液。不过它确实需要借助周围长得结实的植物，把它们作为支柱向着阳光攀爬，但仅此而已。此外，只是一味地指摘它的行为卑劣，那你可就错了。无论是在树林的边缘，还是在受到砍伐或暴风雨侵袭所形成的林间空地上，铁线莲都能快速地生长。在多年的时间里，铁线莲织起长长的帷幔，一直覆盖到树木的顶端。在失去大树的庇护之后，是铁线莲实实在在地保护着林下灌木，使它们免遭透进来的光线和大风伤害，就像是铁线莲用绿色的纱布给森林做了包扎，来帮助它的伤口更快愈合。

　　铁线莲开花很晚，每年到了 7 月才会开花。但它的花期很长，能一直延续到寒潮初来。因此，它也成了花季晚期昆虫采蜜重要的花蜜来源。昆虫们就靠着这些花蜜来准备过冬呢。然而铁线莲的花颇有些不同寻常，因为这些林边美人并没有花瓣。凑近些仔细看看，1、2、3、4，雄蕊下面有四条白色

白藤铁线莲的花。花开之后，雄蕊会开始逐渐
成长

铁线莲花朵的特写。那些乍一看去被人们当作花瓣的东西，实际上是铁线莲花朵的萼片，它们同时具备两个功能：开花前保护花苞中的生殖器官，开花后吸引昆虫

的小舌头……此外就没有其他的了。除了数量众多的雄蕊和芯皮，再没有任何其他构成花朵的零件了。实际上，这四片舌状物是花瓣模样的萼片，而真正的花瓣并不存在。

数不清的雄蕊与芯皮和含有一个胚珠的上位子房围成螺旋状绕着花朵的中轴。铁线莲的开花过程就像一个奇迹，令人心生赞叹！最早出现的是小小的花苞，一个个挺立在铁线莲花序烛台般的花柄上。它们是绿色的，毛茸茸的，样子很像刺山柑花蕾。接下来，萼片会慢慢打开，大量微微发绿的小球一点一点展露出来。这是雄蕊的花药，在开花初期，它们几乎会把雌蕊完全包围隐藏起来。

雌蕊也是由大量的芯皮组成，每个芯皮的顶端都有一个向外弯曲的小钩子，它们是柱头。随着花朵从外向内渐渐成熟，雄蕊会慢慢地向外展开，以便给其他的雄蕊留出生长的空间。最先成熟的雄蕊会释放花粉，之后花药就会脱落，很快就只剩下花丝还挂在花朵上，而花丝在一段时间内还会继续变长。这种特性带给铁线莲的花一种特殊的样子：没有任何花瓣，却能像焰火般盛放！

等到雄蕊全都成熟，就轮到雌蕊登场了。圆柱形的雌蕊慢慢地长高伸出花冠，托举着柱头献给来访的昆虫。直到深冬，铁线莲的繁殖周期才会结束。花柱表面覆盖着一层银色的茸毛，开花初期会长得很长，彼此交错形成一个果实球，随时准备着随风远行。在毛茛科植物家族中，并非只有铁线莲的花和果实很漂亮，但只有铁线莲是木本植物，其他的都是草本植物。

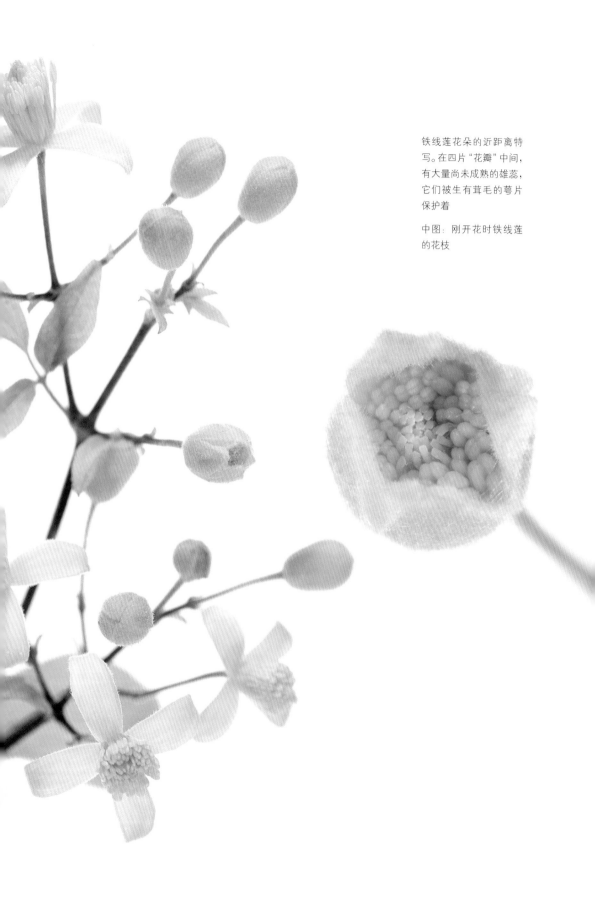

铁线莲花朵的近距离特写。在四片"花瓣"中间，有大量尚未成熟的雄蕊，它们被生有茸毛的萼片保护着

中图：刚开花时铁线莲的花枝

铁线莲完全盛开的花朵的特写。出现在
花朵中央的是尚未发育的雌蕊，而大部
分的雄蕊已经完成了花粉释放。这是促
进交叉受精的一种方式

白藤铁线莲的花枝上迎来了一只钩粉蝶，它可能会成为一个传粉者。花蜜就是给传粉者们完成受精工作的报酬

这本书幕后的故事

—————— 植物学家与摄影师的无间合作 ——————

　　早春 2 月。这一年，香槟区的冬天非常寒冷。几周以来，温度计上显示的气温最低都在零下 8 摄氏度左右，有时甚至还要更低。弗雷德里克得把几棵漂亮的榛树标记下来，这样斯蒂芬就可以来补拍几张，作为去年拍摄的补充。因为去年计划开始时，要拍的花已经开始有点枯萎了。然而这一次，严寒推迟了花期，榛树要到下周才能开花。弗雷德里克拿起电话，打给住在 20 公里外的斯蒂芬：

　　"你能过来取那些树枝吗？我要出门，这次没法给你带过去了。"

　　"好，今天傍晚我就来。把它们装进一个结实的罐子里，一根根分开放，可别让花混在一起。"

　　这书本身就是一个交叉受精的结果：是摄影师斯蒂芬·海特与植物学家弗雷德里克·安杜共同孕育的成果。他们两位精诚合作，才有了这些至美的照片和专业的说明文字。植物学家弗朗西斯·哈勒为这本书写了序，梳理了这本精彩著作的主题，开启了这场群花舞会。

　　为了方便，弗雷德里克和斯蒂芬选择把树枝从树上取下来。这对于植物来说不算什么，毕竟它们已经习惯了被无常的风带走躯体的一部分。树枝是用专门的园艺剪刀整枝剪下来的，剪得干净利落。然后斯蒂芬会在他的工作室里对这些树枝进行拍摄。他的工作室总是很拥挤，小小的几平方米里面塞满了书籍、幕布和摄影器材。

　　运输这个环节经常需要非常小心：不能拖得太久，否则植物就会枯萎；

从左至右：弗雷德里克·安杜和斯蒂芬·海特

重点是树枝不能混放在一起，以免互相挤碰改变花的位置，那就不再是天然的样子了。花楸树也曾让他们头疼：花楸树的树叶和嫩枝表面都有一层像毡子的物质，哪怕最细小的茸毛都会一碰就被粘在上面。斯蒂芬只好拿着小镊子忙乎好久，把粘上的东西一丝一丝地弄下来。摄影师为了准备拍摄主体，真的是煞费苦心，就像上台前在化妆间里精心打扮一位明星一样。

斯蒂芬忙于应付树枝的结构和花朵的精细，弗雷德里克编写了一系列文字，用来解释每种植物的繁殖方式，同时也努力地将话题扩展到其他角度。他一直都考虑着要如何表达出来：从整体来看，植物是活着的生命体，而它们又是如此地有创造性。所有的文字都来自相关研究或有文献可供验证，以确保所使用的词句准确可考。2017 年的春天一直很冷，冰冻期拖延了很久。大家只能调整心态、保持耐心，但我们将得到多种多样的美，这就是自然女神给我们的回报。

斯蒂芬·海特的印章，
摄影师个人的日文签名

斯蒂芬海特 & 撒拉曼德出版社，www.salamandre.net

摄影：斯蒂芬·海特（多次得到凯西的帮助），第143页照片的作者是帕斯卡·勃艮第

文字：弗雷德里克·安杜（正文），弗朗西斯·哈勒（引言）—插画：西尔万·勒帕鲁

编辑协调：波奴瓦·理查—修订：埃迪特·格伦伯格

版面设计：让·吕克，法比安·加堡德

第一版